01/06
SANTA ANA PUBLIC LIBRARY
BOOKMOBILE

D0601454

Monstruos Gigantes

BLACKBIRCH PRESS

An imprint of Thomson Gale, a part of The Thomson Corporation

Detroit • New York • San Francisco • San Diego • New Haven, Conn. • Waterville, Maine • London • Munich

THOMSON
GALE

For more information, contact
The Gale Group, Inc.
27500 Drake Rd.
Farmington Hills, MI 48331-3535
Or you can visit our Internet site at http://www.gale.com

LIBRARY OF CONGRESS CATALOGING-IN-PUBLICATION DATA

Giant monsters. Spanish
Monstruos gigantes / edited by Elaine Pascoe.
p. cm. — (The Jeff Corwin experience)
Includes bibliographical references and index.
ISBN 1-4103-0675-5 (hard cover : alk. paper)
1. Animals—Juvenile literature. 2. Animals, Fossil—Juvenile literature. 3. Body size—Juvenile literature. I. Pascoe, Elaine. II. Title. III. Series.

QL49.G5318 2005
590—dc22 2004029716

Printed in United States of America
10 9 8 7 6 5 4 3 2 1

Desde que era niño, soñaba con viajar alrededor del mundo, visitar lugares exóticos y ver todo tipo de animales increíbles. Y ahora, ¡adivina! ¡Eso es exactamente lo que hago!

Sí, tengo muchísima suerte. Pero no tienes que tener tu propio programa de televisión en Animal Planet para salir y explorar el mundo natural que te rodea. Bueno, yo sí viajo a Madagascar y el Amazonas y a todo tipo de lugares impresionantes—pero no necesitas ir demasiado lejos para ver la maravillosa vida silvestre de cerca. De hecho, puedo encontrar miles de criaturas increíbles aquí mismo, en mi propio patio trasero—o en el de mi vecino (aunque se molesta un poco cuando me encuentra arrastrándome por los arbustos). El punto es que, no importa dónde vivas, hay cosas fantásticas para ver en la naturaleza. Todo lo que tienes que hacer es mirar.

Por ejemplo, me encantan las serpientes. Me he enfrentado cara a cara con las víboras más venenosas del mundo—algunas de las más grandes, más fuertes y más raras. Pero también encontré una extraordinaria variedad de serpientes con sólo viajar por Massachussets, mi estado natal. Viajé a reservas, parques estatales, parques nacionales—y en cada lugar disfruté de plantas y animales únicos e impresionantes. Entonces, si yo lo puedo hacer, tú también lo puedes hacer (¡excepto por lo de cazar serpientes venenosas!) Así que planea una caminata por la naturaleza con algunos amigos. Organiza proyectos con tu maestro de ciencias en la escuela. Pídeles a tus papás que incluyan un parque estatal o nacional en la lista de cosas que hacer en las siguientes vacaciones familiares. Construye una casa para pájaros. Lo que sea. Pero ten contacto con la naturaleza.

Cuando leas estas páginas y veas las fotos, quizás puedas ver lo entusiasmado que me pongo cuando me enfrento cara a cara con bellos animales. Eso quiero precisamente. Que sientas la emoción. Y quiero que recuerdes que—incluso si no tienes tu propio programa de televisión—puedes experimentar la increíble belleza de la naturaleza dondequiera que vayas, cualquier día de la semana. Sólo espero ayudar a poner más a tu alcance ese fascinante poder y belleza. ¡Que lo disfrutes!

Mis mejores deseos,

Monstruos Gigantes

Soy Jeff Corwin. Acompáñame en un safari diferente. Va a ser peligroso porque vamos a estar cerca de los monstruos más grandes de la Tierra.

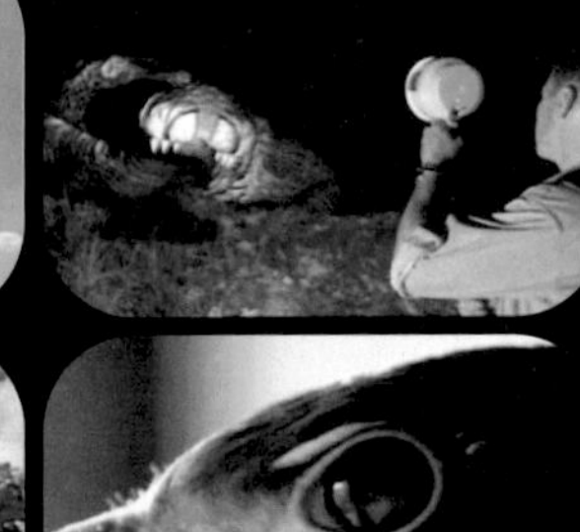

Me llamo Jeff Corwin. Bienvenidos al mundo de los Monstruos Gigantes.

La naturaleza se las ingenia para encontrar modos de supervivencia increíbles, raros, maravillosos y emocionantes. Uno de ellos es simplemente por el tamaño. Nuestro objetivo es encontrar algunos de los gigantes más grandes del planeta.

Para averiguar por qué los monstruos gigantes llegaron a ser tan grandes y cómo vivían, voy a encontrar a los descendientes que viven todavía.

Mi primer monstruo gigante es uno de los dinosaurios más fieros que existió jamás. Era el carnívoro más grande de su tiempo. Quiero averiguar cómo rastreaba a su presa, por eso he venido al sudoeste de los Estados Unidos en busca de un pequeño animal que es increíblemente parecido.

Ésta es una lagartija de collar por el hermoso collar negro que tiene. Lo espectacular de este animal es el modo en que se mueve. Cuando necesita ser rápido, corre en sus dos patas traseras.

De hecho, la manera en que este animal se mueve en dos patas me recuerda algo.

¿Qué te parece este monstruo? Es un Tiranosaurio Rex o T-Rex—estamos hablando de un animal de 40 pies (12,2 metros) de largo y 12 mil libras (5.443 kilogramos) de peso. T-Rex significa "rey tirano de las lagartijas", y aunquc era terrible, no era una lagartija ni remotamente. Era un dinosaurio, uno de los carnívoros más grandes que jamás rondaron la tierra.

¡Un Tiranosaurio Rex!

El rey de las lagartijas caminaba en dos patas todo el tiempo.

El T-Rex se movilizaba enteramente sobre sus gigantescas patas traseras, que le permitían una velocidad de 30 millas (48 kilómetros) por hora. Dominaron el paisaje de los Estados Unidos por 3 millones de años, en la fase final de la era de los dinosaurios.

Ay, espero que ese buitre no encuentre mi olor.

Hay buitres planeando en el aire allá arriba. ¡Espero no ser yo a quien están oliendo! Tú sabes, algunos científicos dicen que los pájaros son descendientes de los dinosaurios, por lo que nos pueden decir mucho de sus ancestros gigantes. Los buitres tienen un impresionante sentido del olfato, lo que nos da una idea de la verdadera naturaleza del T-Rex.

Estas aves son carroñeras. La razón por la cual no tienen plumas en el cuero cabelludo ni en la cara es porque meten la cabeza en lugares francamente desagradables como éste, la cavidad de una vaca en descomposición. La calvicie les permite mantenerse limpios y saludables.

Mira estas enormes fosas nasales, llamadas cavidades olfativas. Son tan grandes porque estos animales tienen que filtrar mucho aire a través de ellas para detectar las minúsculas partículas que caracterizan la carne en descomposición, lo que los lleva al alimento podrido que les gusta comer. Pueden detectar diminutos rastros químicos gracias a sus lóbulos olfativos, y luego los siguen desde el aire a la tierra.

El animal que me está rastreando también tiene gigantes lóbulos olfativos. Tal vez el tamaño y el físico del T-Rex no fueron diseñados para correr detrás de presas potenciales. Con tan fantástico sentido del olfato, quizás el T-Rex era un carroñero gigante.

Puedes ver cómo ser grande en la tierra te da una gran ventaja para competir. Pero allá arriba, en los cielos es muy distinto. Hace aproximadamente 160 millones de años, a lo largo de su ruta evolucionaria, otro grupo de reptiles intentó seguir una ruta diffferente.

Siento que me estoy elevando como un pájaro. El principio básico del ala delta fue adoptado hace 220 millones de años por los primeros vertebrados que volaron jamás, los pterosaurios.

Algo se nos está acercando. No es un ala delta—es un pterosaurio, uno de los más grandes animales voladores que existieron jamás, el quetzalcoatlus. ¡Debe tener una envergadura aproximada de 37 pies (11,3 metros)! Al igual que nosotros, está aprovechando una corriente térmica, o columna de aire tibio que se eleva y hace que nos remontemos con ella. Era así como el quetzalcoatlus se movilizaba.

Los pterosaurios existieron durante 140 millones de años, y mientras los dinosaurios dominaban en la tierra, los pterosaurios dominaban en el aire. El quetzalcoatlus era el más grande de todos los animales voladores que jamás dominaron los aires. Para aprender cómo volaban estos monstruos gigantes, vayamos a las Montañas Smoky.

En estos bosques vive uno de los animales voladores más espectaculares de los Estados Unidos, el águila calva. Nos proporciona una perspectiva diferente de cómo un gran animal puede elevarse en el aire. En el pasado, la población de águilas calvas sufrió serios reveses. Pero gracias a la ayuda de los humanos, su número finalmente está repuntando.

El águila calva es uno de los animales voladores más espectaculares de los Estados Unidos.

El quetzalcoatlus desapareció por extinción natural y eso a veces ocurre. ¿Pero qué pasó con el águila calva? Años atrás usábamos pesticidas como el DDT, que se filtraron en el agua y luego fueron absorbidos por los peces. Las águilas calvas comían esos peces y el DDT no les hacía un daño directo. Sin embargo, cuando las águilas ponían sus huevos, la sustancia química afectaba la cáscara, haciéndola muy quebradiza.

Con tantos huevos rotos, la población de águilas empezó a declinar. Gracias a buenas leyes de conservación y a la dedicación de los naturalistas, este animal ha hecho una extraordinaria reaparición.

Estamos en la torre de liberación de la Fundación Norteamericana de Águilas. Estamos a punto de ver un pájaro que nació en cautiverio y que ahora tiene la oportunidad de vivir en libertad.

Estoy aquí con Al Cecere, fundador y presidente de la Fundación Norteamericana de Águilas. Está realizando los últimos preparativos para la nueva vida silvestre del águila.

Vamos a colocar un radio transmisor en este pájaro. Este instrumento nos permitirá rastrear a este animal. Este proceso se llama telemetría. Si Al y su equipo necesitan intervenir porque el águila está herida, esto les permitirá localizarla.

Esta águila tiene sólo 14 semanas de edad, pero cuando alcance su tamaño adulto su envergadura sobrepasará los 6 pies (1,8 metros) y podrá volar a más de 40 millas (64 kilómetros) por hora. Por fósiles encontrados en Texas, los científicos descubrieron que el quetzalcoatlus tenía seis veces más envergadura que el águila calva. Pero sólo pesaba unas 100 libras (45 kilogramos). Éste era el secreto de su éxito. Estaba perfectamente adaptado para elevarse con las corrientes térmicas de su época. Hay quienes creen que hace unos 65 millones de años los cambios climáticos producían vientos muy fuertes, haciendo difícil que algo tan grande se elevera.

En una mañana muy calurosa de Tennessee esta águila va a recuperar su libertad. Me toca jalar la palanca que controla la puerta. Cuando la abra, este animal va a tener la oportunidad de irse volando.

¡Perfecto! Esperemos que este animal regrese aquí con un compañero para ayudar a aumentar la población local de águilas calvas.

Mucho antes de que los pterosaurios y dinosaurios fueran los amos de nuestro planeta, había otros animales que llegaron a alcanzar grandes dimensiones. De hecho, eran incluso más amenazadores que este reptil gigante. Aquí en Arizona quiero encontrar el rastro del pariente viviente más cercano de la araña más grande que existió jamás—la mega araña de 2 pies (0,6 metros). Este gigante habitaba los bosques lluviosos de Sudamérica hace 300 millones de años. ¡Era enorme!

Pero el primo moderno de la mega araña también es un gigante por derecho propio.

Ésta es una tarántula. Todas las tarántulas pertenecen a un grupo muy antiguo de arácnidos llamado migalomorfos. Lo que los migalomorfos tienen en común es que son de gran tamaño y tienen colmillos muy grandes. Inyectan veneno que paraliza a su presa, pero para suerte nuestra, no es mortal para los humanos.

Ésta es la tarántula Goliat, o la tarántula gigante de Sudamérica que se alimenta de pájaros. La tarántula Goliat es la araña más grande que existe hoy en día. Es el tamaño de un plato y a veces se alimenta de aves.

Cuando caza, espera silenciosamente. Cuando su presa se acerca, la araña la ataca con sus colmillos y le inyecta el veneno, causándole parálisis.

Luego agarra a su presa y la cubre con una sopa tóxica de saliva ácida. Estos jugos digestivos empapan a la presa, que empieza a derretirse y descomponerse. Entonces la araña se toma el líquido.

Aquí en Arizona hay un laboratorio con las arañas más venenosas del mundo y el hogar de un científico muy dedicado. Aquí mismo hay una pila entera de arañas. Por ejemplo, ésta es la tristemente célebre Viuda Negra, una araña hembra. Son muy conocidas porque después del apareamiento las hembras se comen a los machos.

Ésta es la Reclusa Parda. Si te pica, produce un veneno llamado necrotoxina, el cual destruye las células y carcome el tejido. Puede ser una picadura mortal.

Ésta es la Tarántula Chilena Rosada. Lo impresionante de estas arañas es que si alguna vez tienes un infarto, este animal podría salvarte.

Te presento a Chuck Christianson. Es bioquímico y se especializa en la extracción de veneno de arácnidos. 70 mil arañas viven en esta casa.

Vamos a extraer un poco de veneno.

Estas arañas participan en investigaciones médicas de vanguardia. Dentro de esta gotita de veneno de tarántula hay una proteína que podría prevenir muertes por infartos. Tal vez algún día, lo que salió de esta araña sea usado en salvar tu vida o la mía.

Ahora estamos en la soleada Florida. Es un gran lugar para jugar golf y relajarse y también es donde encontramos a un grupo de animales a los que comúnmente llamamos fósiles vivientes. Parecen haberle tomado gusto a los campos de golf. Estoy hablando de cocodrilos y lagartos.

El lagarto americano es el reptil más grande de Norteamérica. Hace sólo veinte años, estos animales estaban a punto de extinguirse por causa de la sobrecaza y la pérdida de hábitats.

Los lagartos han reaparecido con ímpetu a pesar de la pérdida de hábitats.

Sin embargo, ahora han reaparecido con gran éxito.

¿Qué les gusta a los lagartos de los campos de golf? Aunque sean hábitats hechos por el hombre, tienen muchos elementos propicios para un lagarto.

Hay un sistema de agua aquí, en la forma de ríos y lagos. Pueden vivir protegidos porque estas áreas son seguras. Y hay una excelente fuente de presas—no necesariamente golfistas, sino peces y aves acuáticas. Hace millones de años había un cocodrilo que llegaba a medir 40 pies (12,2 metros) de largo. Se llamaba sarcosuchus, y era un verdadero monstruo—el cocodrilo más grande que existió jamás.

Éstos son cocodrilos americanos, y como los lagartos, estaban en peligro de extinción hace sólo unos años. Estamos aquí no sólo para aprender la historia natural del cocodrilo americano, sino también para comprender su tasa de crecimiento. Tal vez, si entendemos la tasa de crecimiento de los cocodrilos americanos, podremos averiguar cómo el sarcosuchus desarrolló su enorme tamaño.

Te presento a Joe Wasilewski. Joe está midiendo y pesando a estos cocodrilos bebés. Luego les va a colocar un microchip y los va a soltar. Es un verdadero lujo tener todo el cuerpo del cocodrilo para el estudio. Con el sarcosuchus, no tenemos todo el espécimen fósil, sólo la calavera de 6 pies (1,8 metros) de largo.

Joe tiene que medir y pesar a los cocodrilos bebés antes de soltarlos.

Para comprender mejor cuán grande era el sarcosuchus, trabajamos con estos animales y estudiamos la proporción cabeza-cuerpo. Con una cabeza de 6 pies (1,8 metros) sabemos que el animal medía aproximadamente 40 pies (12,2 metros).

¡La cabeza del sarcosuchus era del tamaño de todo mi cuerpo!

El sur de Florida es el único lugar en el mundo donde los lagartos y los cocodrilos viven uno al lado del otro. A diferencia de los lagartos, los cocodrilos americanos siguen en peligro de extinción. Queda una población de sólo 800 cocodrilos en Norteamérica a causa de la caza furtiva y de la pérdida de territorio a la urbanización. Pero existe un refugio aquí en Turkey Point, un área protegida cerca de los Everglades.

Turkey Point es el lugar ideal para estos animales, porque hay tanto hábitats de agua salada como un estanque de agua dulce.

Aléjense nadando, cocodrilitos.

Los cocodrilos jóvenes son animales de agua salada, pero no recién salidos del huevo.

Las glándulas de excreción de sal que tienen en la boca no se han desarrollado todavía, de modo que se quedan en estos estanques de agua dulce.

Después de la extinción de los dinosaurios y los pterosaurios, la Tierra ya no tenía animales monstruosos. Los amos del mundo eran animales más pequeños. Pero no pasó mucho tiempo para que algunos de ellos comenzaran a hacerse grandes, realmente grandes. Y el más sigiloso y sagaz de los cazadores gigantes con el que los humanos tuvieron que enfrentarse fue el felino súper gigante—el mamífero asesino por excelencia.

Mira, justo entre esos dos troncos de árbol hay un puma tejano. Es pariente cercano de un animal que vive aquí y resulta que es uno de los mamíferos más raros de nuestro planeta.

Este puma tejano ha sido traído aquí para tratar de estabilizar la población de panteras en Florida.

Para darnos más información al respecto, está un colega mío aquí conmigo. Steve Torbit trabaja en la Federación Nacional para la Vida Silvestre.

Hace muchos años, los biólogos empezaron a preocuparse por malformaciones o deformidades que estaban apareciendo en las panteras.

Este puma está ayudando a su prima, la pantera de Florida.

La población era tan pequeña que a los científicos les preocupaba que la causa fuera el reducido banco genético. Entonces decidieron traer a estos pumas tejanos, una subespecie de parientes muy cercanos, para aumentar la diversidad del banco genético.

Hace 10 mil años había otro felino dejando sus huellas a través de la Florida. Ésta es una réplica de la calavera de un tigre dientes de sable. Algunos de ellos tenían dientes de 10 pulgadas (25 centímetros). Tenían forma de cuchillo y no eran redondeados como los de la pantera de Florida. Este animal evolucionó junto con muchos animales enormes hace 10 mil años y necesitaba tener este tamaño y este tipo de dientes. Cuando el mundo empezó a cambiar y las presas se hicieron más pequeñas, tal vez esos dientes ya no le fueron tan útiles.

En los últimos 30 años, 44 panteras de Florida han muerto atropelladas en accidentes de tráfico. Para suerte de la pantera de Florida, la gente que está tratando de conservar estos animales ha creado una ingeniosa solución. Pusieron una cerca de tela metálica que los obliga a ir por debajo de la autopista. Desde que se instalaron estas cercas, las muertes en algunas áreas se han reducido de ocho a cero. Miremos debajo de este puente. Esta caja negra es un disparador. Cuando un felino cruza por aquí, la cámara le toma una foto.

Hace sólo 10 mil años los esmilodontes, gigantescos felinos depredadores, todavía rondaban por la Florida. Hoy, lo que era el territorio de los esmilodontes es ahora el Refugio Nacional de la Vida Silvestre para la Pantera de Florida.

Te presento a Larry Richardson, principal biólogo para el Servicio de Pesca y Vida Silvestre de los Estados Unidos.

Hay 26 mil acres aquí y en un día cualquiera hay cinco, seis u ocho felinos en el refugio. Si contamos a los cachorros que hay ahora en el refugio, probablemente hay quince.

Creemos que hay un macho grande en esta área, pero los felinos son excepcionalmente esquivos.

¡Allí, allí, más allá de esos árboles hay una pantera de Florida!

Este otro animal es un pacífico herbívoro que vive y se esconde en la parte más alta de estos árboles. Es el pariente viviente más cercano de uno de los gigantes prehistóricos más espectaculares. Para enterarnos de la verdadera naturaleza de aquella bestia, vamos a familiarizarnos con su pacífico primo que vive en nuestros tiempos.

La misteriosa criatura que hemos venido a buscar pasa la vida entera colgando boca abajo. Esta extraña criatura de apariencia inofensiva es el oso perezoso. Lo que los osos perezosos tienen en común es que son increíblemente lentos. El oso perezoso usa sus garras para desplazarse. Se agarra con firmeza de las ramas y se traslada por su hábitat, trepando de rama en rama. Sus garras, que parecen garfios, miden 2 pulgadas (5 centímetros) de largo, pero las de sus primos gigantes llegaban a medir 1 pie (0,3 metros) de largo.

Los osos perezosos pasan toda la vida colgando boca abajo. ¿No se cansan?

El oso perezoso es un folívoro, lo que significa que básicamente se alimenta de hojas. Las hojas son un alimento de baja calidad pero, como los osos perezosos son muy lentos y usan muy poca energía, esta dieta les resulta suficiente. El 99 por ciento de la vida de este animal transcurre en la cima de los árboles. Pero ocasionalmente bajan al suelo del bosque para hacer sus necesidades.

Ésa es una operación bastante riesgosa para ellos, porque en el suelo están expuestos a los depredadores. Afortunadamente para los osos perezosos, su metabolismo es tan lento que sólo tienen que hacer eso aproximadamente una vez por semana.

A pesar de que los osos perezosos actuales viven en los árboles, sus ancestros eran animales terrestres. El megaterio, un pariente lejano del oso perezoso arborícola, producía sus buenas 40 a 50 libras (18 a 23 kilogramos) de excremento por día. Era un animal colosal, de aproximadamente 13 pies (4 metros) de alto y 20 pies (6,1 metros) de largo.

Como puedes ver, estos animales son maestros en el arte de trepar, pero no pueden caminar tan rápido, y eso los hace vulnerables. Un águila arpía podría aparecer repentinamente y sería el fin del oso perezoso. El oso perezoso terrestre, el antiguo gigante, era otra historia. Sabemos que ese animal se movilizaba sobre cuatro patas. También tenemos nuevas evidencias fósiles—un grupo de huellas que indican que este animal era bípedo, y se podía desplazar en dos patas por pequeñas distancias, casi como un oso pardo.

Aquí tenemos una presa del esmilodonte. ¿Ves a los cachorros? Parecen una manada de leones, pero mira lo que está acechando arriba. Es un oso perezoso gigante, y está definitivamente interesado en los restos. No es sólo herbívoro, sino también carroñero. A los esmilodontes no les gusta la presencia de este animal cerca de su presa.

Un esmilodonte está rodeando al oso perezoso. ¡El gigantesco animal estrelló al felino de un golpe!

Me gustaría llevarte en un viaje a la Australia de hace 30 mil años. Aunque no lo creas, los animales que vivían en Australia en esa época eran incluso más grandes que los que viven allí hoy en día. Había canguros gigantes, de 10 pies (3,1 metros) de alto, que saltaban a través de las zonas remotas de Australia. Incluso había leones marsupiales que se daban banquetes de carne de uombats y koalas.

Allí incluso había una lagartija gigante, la más grande que jamás pisó la tierra.

El dragón de Komodo es un monstruo de nuestro tiempo.

Y, ¿cómo exactamente llegó a ser así de grande esta lagartija? Para contestar esto necesitamos examinar a su pariente viviente más cercano. Es un monstruo por derecho propio—un dragón viviente de apariencia feroz que hoy en día está trágicamente en peligro de extinción por la sobrecaza y la pérdida de su hábitat.

Estamos en el Zoológico Metropolitano de Miami, porque éste es el hogar de algunos dragones de Komodo. Si no estás el zoológico de Miami y quieres ver a estos animales, tienes que ir a las islas de Komodo, cuatro islas cerca de la costa de Indonesia.

Es el lugar donde estas lagartijas gigantes tienen su hábitat natural. Los adultos pueden llegar a medir casi 10 pies (3,1 metros) de largo y pesar cientos de libras. Su prima, la megalania, vivió en la isla de Australia hace 50 mil años. Medía aproximadamente 20 pies (6,1 metros) de largo y pesaba más de media tonelada.

En su hábitat natural, el dragón de Komodo es un depredador que caza por emboscada, con una mordedura mortal. Si las masivas mandíbulas no matan a la presa inmediatamente, la saliva tóxica termina el trabajo. La herida se hace cada vez más grande y putrefacta, causando una muerte lenta. Todo lo que el Komodo tiene que hacer para encontrarte es sacudir su lengua bífida que detecta olores.

Los Komodos pueden cazar presas de gran tamaño con sus poderosas mandíbulas.

Mira estas garras.

He visto a dragones de Komodo pelearse por una cabra. Un Komodo agarró a la cabra de un extremo mientras el otro dragón agarró el otro extremo. Literalmente devoraron su comida en cuestión de minutos, descuartizándola con toda facilidad. Pero imagina que ésta es la mandíbula de la megalania, no del *Varanus komodoensis*, el dragón de Komodo. La mandíbula no mediría 11 pulgadas (28 centímetros) de largo. Sería colosal. Y los dientes no medirían un cuarto de pulgada (0,6 centímetros), sino 1 pulgada (2,5 centímetros) de largo.

Estos dientes de un cuarto de pulgada de largo pueden causar serios daños.

Éste es Jack. Es el padre de los dragones de Komodo que vimos antes. Jack nació en una de las islas de Komodo, pero fue traído aquí por una importante razón— para ayudar en la reproducción de estos animales. Si queremos conservar en nuestro planeta al primo moderno de la megalania, el dragón de Komodo, necesitamos programas de conservación eficaces, porque sólo quedan unos cinco mil.

Éste es Jack, el padre de otros dragones de Komodo que viven aquí.

A través del tiempo, la evolución ha producido algunos gigantes espectaculares. Ha habido arañas del tamaño de perros, gatos con caninos de 10 pulgadas (25 centímetros) de largo y reptiles voladores del tamaño de aviones pequeños. Ser tan grandes tenía una desventaja. Cuando las condiciones cambiaron, estos gigantes resultaron ser demasiado grandes y demasiado especializados para adaptarse y por eso se extinguieron.

¿Puedes adivinar cuál de estos monstruos gigantes todavía existe? Hemos venido a la capital mundial del calamar, Monterey, California, para contestar esa pregunta.

Monterey, California, es la capital del calamar en el mundo.

Es difícil de creer que hubo un tiempo en que los marineros les tenían miedo a los calamares. No eran exactamente los animales que estoy comiendo ahora, sino su primo, el Kraken, una bestia gigante que podía crear un remolino con sólo agitar sus brazos en el agua.

Nadie ha visto jamás a un calamar gigante vivo. Este ejemplar muerto quedó varado en la playa... ¡Qué monstruoso!

Entonces, ¿qué es exactamente este animal? Es el Architeuthis, un animal del tamaño de un autobús de dos pisos. El calamar gigante nunca ha sido visto vivo en su hábitat natural. Los científicos están usando un sumergible de alta tecnología para estudiar la vida marina que habita las aguas más profundas.

Este sumergible de alta tecnología nos lleva bajo el agua.

A pesar de que todavía nos falta ver al calamar gigante, tenemos evidencia de ejemplares muertos varados en playas de todo el mundo y otros encontrados en los estómagos de cachalotes. ¿Pero por qué no los encontramos vivos?

El científico Brad Seibel busca una respuesta en muestras de sangre de diferentes tipos de calamares.

Brad estudia muestras de sangre de diferentes tipos de calamares.

El calamar gigante tiene sangre de un color azul claro y transporta mucho menos oxígeno en la sangre que esta especie más activa. Parece ser que el calamar gigante es muy sensible a la temperatura y cuando lo atrapa una corriente de agua tibia, la sangre se oxigena menos y el animal se asfixia.

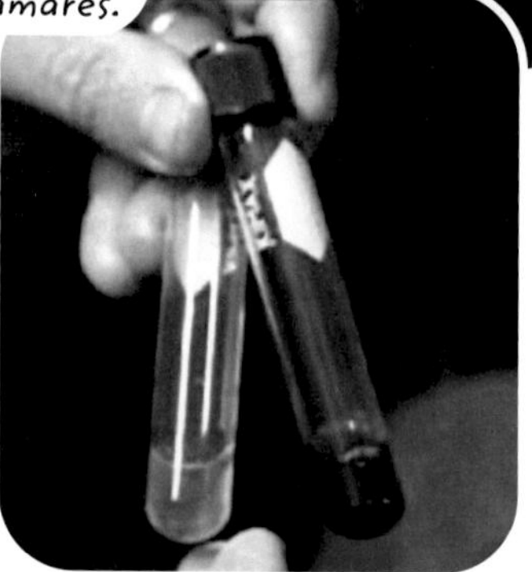

¿Ves a ese calamar esparciendo su tinta? Cuando los depredadores se acercan, crea una nube de tinta negra que le sirve para escapar del peligro. Estos animales sólo viven seis meses y tienen una tasa de crecimiento increíble. En seis meses estos animales se transforman de criaturas microscópicas parecidas al plancton a lo que ves aquí, máquinas devoradoras de 9 pulgadas (23 centímetros) de largo.

Estos animales tienen que comer y comer porque cada día engordan un diez por ciento de su peso corporal. Sólo trata de imaginar lo voraz que debe ser el calamar gigante. Tiene que alcanzar su tamaño monstruoso en sólo cuatro años. Apenas estamos empezando a entender su historia natural, y cómo sobrevive en las misteriosas profundidades del océano.

Bueno, es tiempo de terminar nuestra exploración de los monstruos gigantes. Hemos aprendido que la extinción tiene su lugar en la naturaleza y que, al final, una única fórmula de supervivencia sólo dura un tiempo. No podemos olvidar que hay animales que viven en nuestro mundo hoy en día que están perfectamente adaptados para sobrevivir, pero se enfrentan a futuros inciertos a causa de nuestra conducta. Estamos a cargo de nuestro planeta. Depende de nosotros darles una oportunidad a estos animales.

Tengo muchas ganas de verte en nuestra próxima aventura por este mundo salvaje y maravilloso.

Glosario

arborícola que vive en los árboles

bífida partida en dos

bípedo animal que se desplaza en dos patas

carnívoro animal que se alimenta de otros animales

carroñero animal que come los desechos o restos de animales muertos

caza furtiva caza ilegal de un animal en peligro de extinción

conservación preservación o protección

corriente termal corriente de aire tibio ascendente que los pájaros usan para planear

cuero cabelludo piel que cubre la cabeza

en peligro de extinción especie cuya población es tan poca que puede extinguirse

envergadura largo total de las alas en posición abierta y extendida

extinción cuando ya no existen más individuos de una especie

folívoro animal que come hojas

hábitat lugar donde los animales y plantas viven juntos naturalmente

herbívoro animal que se alimenta de plantas

metabolismo velocidad a la que el animal procesa alimento y gasta energía

necrotoxina veneno que daña los tejidos

olfativo asociado con el sentido del olfato

olfato capacidad de oler

putrefacta en descomposición

reptiles animales de sangre fría, usualmente ovíparos, como las serpientes y las lagartijas

telemetría sistema para seguir a distancia a los animales estudiados

veneno toxina usada por las serpientes para atacar a su presa o defenderse

venenosa que tiene una glándula que produce veneno para la defensa propia o la caza

vertebrado organismo que tiene una columna vertebral

voraz que tiene un apetito enorme

Índice